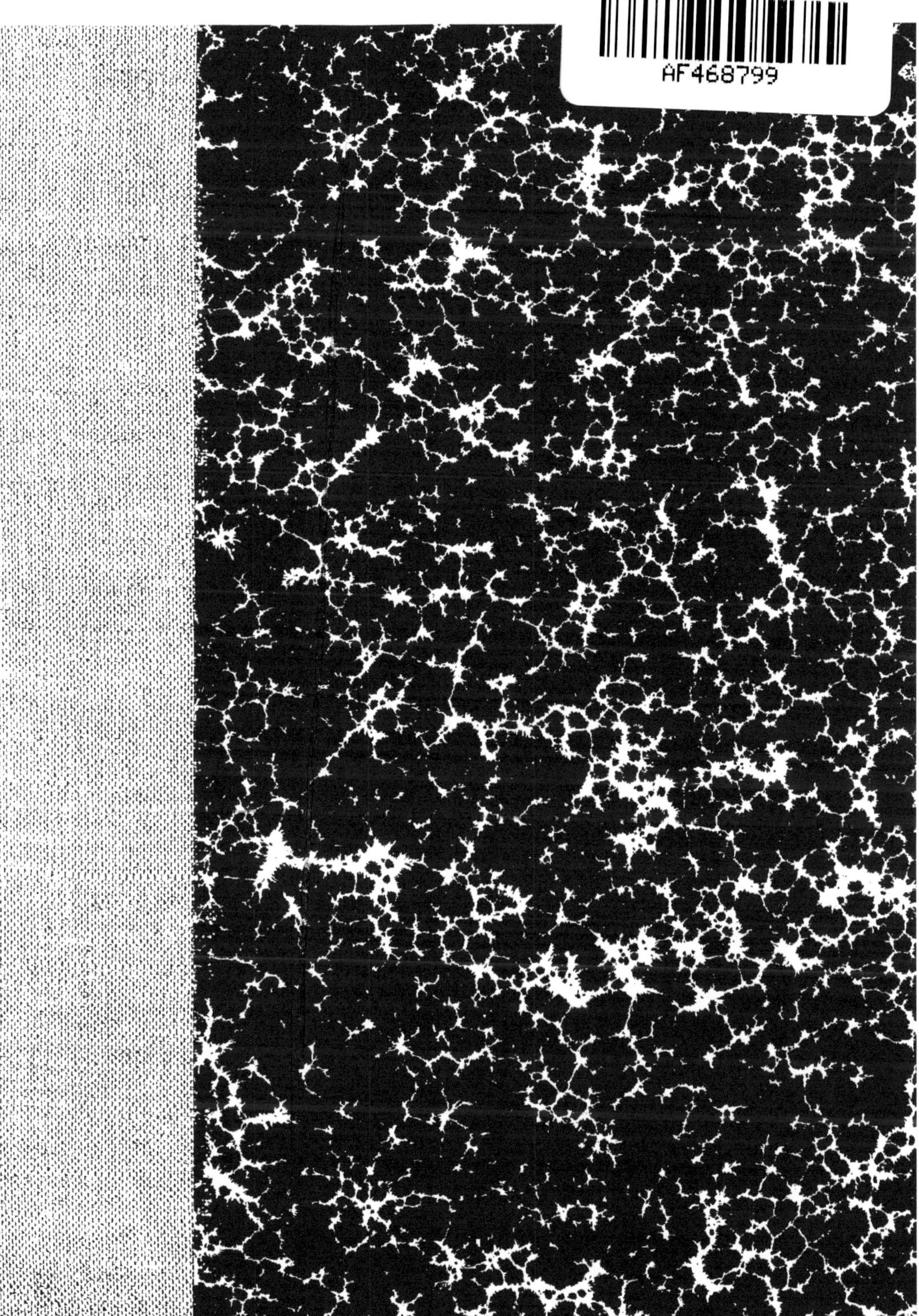

BARAST_REL.

MATÉRIAUX

POUR

L'HISTOIRE DES TEMPS QUATERNAIRES

PAR

Albert GAUDRY
Professeur de paléontologie au Muséum d'histoire naturelle.

SECOND FASCICULE

PARIS
LIBRAIRIE F. SAVY
77, BOULEVARD SAINT-GERMAIN, 77
1880

SECOND FASCICULE

DE L'EXISTENCE DES SAÏGAS EN FRANCE

A L'ÉPOQUE QUATERNAIRE

DE L'EXISTENCE

DES

SAÏGAS EN FRANCE

A L'ÉPOQUE QUATERNAIRE

Les bords charmants de la petite rivière de l'Angoumois qu'on appelle la Tardoire, comme ceux de la Vézère dans le Périgord, ont été longtemps pour nos aïeux des séjours de prédilection. Ces hommes qui, au milieu des difficultés si nombreuses dont ils étaient entourés, ont laissé les preuves de leurs tendances artistiques sur les ossements des rennes et l'ivoire des mammouths, semblent avoir recherché les sites où la nature présente ses plus beaux paysages. Lartet, Christy, le marquis de Vibraye, MM. Massénat, Philibert Lalande et d'autres encore ont exhumé les restes de l'industrie humaine et les os des animaux qui sont ensevelis dans les abris sous roche des bords de la Vézère. Les débris enfouis sur les rives de la Tardoire ne sont peut-être pas beaucoup moins nombreux, mais, jusqu'à présent, ils ont moins attiré l'attention du monde savant.

C'est l'abbé Bourgeois qui, le premier, s'est occupé activement des gisements quaternaires de l'Angoumois; la mort de cet homme très instruit et en même temps si bon que nul ne pouvait le connaître sans l'aimer, est une grande perte pour notre science. En 1865, il avait été explorer, avec M. l'abbé Delaunay, une grotte située auprès du château de Lachaize, qui appartient à M. de Bodard. Il avait ensuite fait des recherches à Rochebertier (1). Plus récemment, M. l'abbé Delaunay a continué seul les travaux qu'il avait entrepris avec l'abbé Bourgeois; il a bien voulu me faire assister à ses fouilles dans les grottes de Bois-du-Roc et dans l'abri sous roche du Placard à Rochebertier. M. Fermond a formé à La Rochefoucauld une remarquable collection d'objets de l'industrie humaine et de débris d'animaux trouvés surtout à Rochebertier et à Vilhonneur; il a publié une note sur les résultats de ses découvertes (2). Un ancien jurisconsulte, M. Paignon, a fouillé avec succès les grottes qui sont dans son domaine si pittoresque de Mongaudier. En 1877, M. de Bodard a repris les explorations commencées douze ans auparavant dans la grotte de Lachaize. Enfin, M. de Maret a réuni de très nombreux objets provenant des abris sous roche des bords de la Tardoire et principalement de celui du Placard, à Rochebertier.

Au point de vue paléontologique, on peut rapporter à trois époques les couches des bords de la Tardoire où l'on trouve des traces de l'homme.

1. Age du mammouth ou âge des animaux éteints. — Il est représenté par la couche inférieure de la grotte de Lachaize, par le fond de la grotte du Bois-du-Roc; une des grottes de Mongaudier a fourni à M. Paignon des débris de la même époque. On a ren-

(1) Bourgeois et Delaunay. *Notice sur la grotte de Lachaize* (extrait de la *Revue archéologique*. Paris, in-8, 1865). — *Grotte de Rochebertier* (*Matériaux pour l'histoire primitive de l'homme*, vol. X, p. 191, 1875).

(2) Un extrait de cette note a paru sous le titre de *Notice sur les âges de la pierre et du bronze dans la vallée de la Tardoire, Charente* (*Matériaux pour l'histoire primitive de l'homme*, 2e série, vol. V, p. 5, 1874).

contré quelques silex taillés dans la partie inférieure des grottes, mais on n'y a encore découvert ni sculptures, ni gravures; MM. Bourgeois et Delaunay ont recueilli dans la grotte de Lachaize un os gravé qu'ils avaient d'abord supposé provenir de la couche où sont les débris des espèces éteintes; depuis, ils ont reconnu qu'il devait appartenir aux couches de l'âge du renne, placé au dessus. D'après les pièces que j'ai vues chez MM. de Bodard, Fermond, Paignon, Bourgeois, Delaunay et celles que M. de Bodard m'a envoyées dernièrement au Jardin des plantes, je peux citer les espèces suivantes comme ayant été trouvées dans les couches inférieures :

Hyœna crocuta (race *spelœa*).
Ursus spelœus.
Elephas primigenius, petit, à molaires dont les lames sont serrées.
Rhinoceros tichorhinus.
Equus caballus.
Bovidés de grande taille (race quaternaire).
Cervus elaphus (race *canadensis* de la plus grande taille), d'après une énorme mâchoire supérieure et des bois de mue avec les deux andouillers basilaires.

Ces animaux qui vivaient sur les rives de la Tardoire ont été, je pense, contemporains de ceux de l'abri sous roche du Moustier. Les bords de la Vézère, ainsi que ceux de la Tardoire, ont vu l'*Ursus spelœus*, l'*Hyœna crocuta* (race *spelœa*), l'*Elephas primigenius* et de nombreux chevaux; le renne, dit-on, s'est trouvé au Moustier, mais très rarement.

Il importe de noter que jusqu'à présent il est difficile de tracer une démarcation nette entre l'âge où les espèces aujourd'hui éteintes étaient encore nombreuses et l'âge du renne ou des espèces émigrées. La destruction des espèces et des races fossiles paraît s'être faite peu à peu. Les personnes qui ont fouillé dans l'Angoumois et dans le Périgord, ne peuvent y établir de distinction entre les grottes de haut et de bas niveau ; M. Massénat m'a montré au Moustier une grotte, située très près du niveau actuel de la Vézère, où il a trouvé les mêmes silex taillés que dans l'abri sous roche du Moustier, type du Moustiérien de M. de Mortillet. Les dépôts quaternaires qui ont été jusqu'à présent observés dans cette partie de la France, out été formés après le creusement des vallées ; je ne pense pas que les plus anciens d'entre eux remontent plus loin que notre diluvium de Grenelle ou de Levallois.

2. Age du renne. — Ce sont surtout les dépôts de l'âge du renne qui ont été exploités dans la Charente. Les grottes de Mongaudier, de Lachaize, de Bois-du-Roc et principalement l'abri sous roche du Placard à Rochebertier, ont fourni une multitude de débris. MM. Delaunay, de Bodard, Fermond, Paignon et de Maret en ont de très belles séries. Ils ont particulièrement réuni des objets travaillés par l'homme : silex des types nommés couteaux, grattoirs, rasoirs, perçoirs, pointes de flèches ; nucléus ; dents percées pour être suspendues ; bois de renne ou os disposés en jolies aiguilles, en poinçons, flèches, lissoires et ces instruments qu'on a appelés bâtons de commandement, mais que M. Pigorini suppose avoir été simplement des pièces servant à l'attelage des bêtes de somme. Beaucoup d'os sont ornés de fines gravures ; cependant on n'y a remarqué encore qu'un petit nombre de représentations d'animaux. Un morceau de bois de renne sculpté, découvert par MM. Bourgeois et Delaunay à Rochebertier, a été considéré comme un essai de représentation de figure humaine. On a recueilli de nombreuses coquilles, soit d'espèces actuelles, soit d'espèces fossiles, qui ont été apportées dans les grottes par les chasseurs de rennes ; M. le docteur Fischer a donné sur elles de curieux détails. Je n'ai vu qu'un seul fragment de squelette humain, c'est une dent. Au milieu des cendres, des charbons, des résidus de cuisine, on a

rencontré une profusion d'os d'oiseaux et de mammifères; tous ceux qui renfermaient de la moelle ont été brisés. Parmi les animaux dont on m'a montré les restes, je citerai :

Hyæna crocuta (*spelæa*). Je ne suis pas certain que ses débris proviennent des mêmes couches où abondent les os du renne.
Ursus ferox, d'après des canines et des os des pattes un peu plus grands que ceux d'*Ursus arctos*, moins trapus que ceux de l'*Ursus spelæus.*
Canis lupus.
Canis vulpes.
Lepus timidus.
Lepus cuniculus.
Equus caballus.
Equus asinus? très rare.
Elephas primigenius, très rare.
Bovidés de la taille des grandes races quaternaires.
Bison europæus.
Cervus tarandus, c'est de beaucoup l'espèce dominante.
Cervus elaphus, d'assez grande taille.
Saïga tartarica.
Capra ibex.

M. de Maret m'a dit que M. Milne Edwards avait aussi reconnu parmi les fossiles de la Charente : *Arvicola amphibius, Arvicola agrestis? Spermophilus* et *Putorius erminea.*

Ces animaux ont eu sans doute pour contemporains ceux des bords de la Vézère, dont on trouve les débris dans les abris sous roche de la Madeleine, des Eizies, de Laugerie-Basse que M. de Mortillet rapporte à son étage magdalénien. D'après ce que j'ai vu dans la collection de M. Massénat, les curieux spécimens de l'art humain qui ont si justement rendu célèbre Laugerie-Basse, ont été recueillis à côté des débris des mammifères suivants :

Hyæna crocuta (*spelæa*). J'en ai remarqué trois dents.
Canis lupus.
Canis vulpes.
Ursus. J'ignore l'espèce.
Felis leo (race *spelæa*).
Sciurus vulgaris.
Lepus timidus.
Elephas primigenius (vertèbres, parties de bassin, éclats de gros os des membres, une défense, de nombreux objets en ivoire sculpté, une molaire à lames très fines et serrées qui présente le type extrême du mammouth).
Equus caballus. Ses restes sont très abondants.
Bovidés de grande et de moyenne taille.
Cervus elaphus, race ordinaire et race *canadensis* de très grande taille.
Cervus tarandus; c'est l'espèce dominante; ses restes se trouvent en profusion.
Rupicapra europæa.
Saiga tartarica.

3. Age de la pierre polie. — C'est surtout auprès de la grotte de Bois-du-Roc, que les explorateurs de l'Angoumois ont trouvé des dépôts de l'âge de la pierre polie (1). Il y a une brusque séparation entre ces dépôts et ceux de l'âge du renne. L'abondance des morceaux de poterie et la nature des instruments les font de suite reconnaître. On n'y rencontre plus de traces des animaux dont les espèces sont aujourd'hui émigrées, comme le renne, le saïga ou les grands bovidés. Les mammifères qui m'ont paru les plus

(1) MM. Bourgeois, Delaunay, Fermond et de Maret ont publié sur les formations néolithiques de la Charente des notes qui ont été insérées dans les *Matériaux pour l'histoire de l'homme.*

abondants sont le cochon, le cheval, le cerf élaphe ordinaire et un bovidé qui ressemble bien à nos petites vaches bretonnes.

Je n'entreprendrai pas de décrire les diverses espèces qui ont été trouvées dans les gisements des rives de la Tardoire et de la Vézère. Je veux seulement donner quelques renseignements sur les restes des saïgas qui ont vécu à l'âge du renne.

L'Europe a nourri des antilopes, belles, grandes et variées, pendant une partie des temps miocènes et pliocènes; mais de nos jours elle n'en a plus que deux espèces : le chamois et le saïga; encore ces animaux ont-ils dû fuir loin de nos populeuses cités. Le chamois, qui se rapproche de la chèvre par ses pattes, et est comme elle un habile grimpeur, a pu rester dans nos pays en se réfugiant sur les montagnes inaccessibles aux autres êtres. Le saïga, qui a des pattes moins fortes proportionnément à l'ensemble du corps, mais très fines et bien disposées pour une course rapide, habite encore les plaines; on dit qu'il se promène depuis les frontières de la Pologne jusqu'à l'Altaï; cependant il préfère à la richesse des pâturages où l'homme le rencontrerait, la pauvreté des steppes de la Russie où il erre en liberté; là, il forme des troupes qui comptent des milliers d'individus. Il y a plus de cent ans, Pallas a donné une excellente description de cet animal (1), et récemment M. Murie a fait une étude approfondie de ses caractères anatomiques (2).

A l'âge du renne, il y avait en France des saïgas. C'est Édouard Lartet qui le premier y a signalé leurs vestiges (3). Mais cet habile

(1) Pallas. *Spicilegia zoologica*, fascicule 12e, p. 21, pl. I, II, III, in-4. Berlin, 1777.

(2) James Murie. *On the Saiga Antelope, Saiga tartarica, Pall.* (*Proced. of the zoological Society of London*, for the year 1870. London). — Trois ans avant, M. Wolf avait donné à la Société zoologique un dessin de saïga. (*Proceed. of the Zoological Society of London*, pl. XVII, 1867.)

(3) *Comptes rendus de l'Académie des sciences*, séance du 27 juin 1864.

paléontologiste ne vit que des chevilles de cornes; il en conclut que sans doute le saïga n'avait pas vécu dans notre pays, et que, si on en trouvait des cornes, c'est parce que nos ancêtres se les procuraient par voie d'échange avec quelque peuplade étrangère. Voici les paroles de Lartet : « *J'ai pu m'assurer que, dans le nombre presque incalculable d'os du diluvium et de nos cavernes de France qui, dans les dix dernières années, ont passé sous mes yeux, il ne s'est pas trouvé, ou tout au moins, je n'ai pu reconnaître ni fragment de maxillaire, ni dents détachées, ni même un seul fragment d'os des extrémités qui pût être rapporté au saïga, bien que j'aie eu à ma disposition des noyaux de cornes toujours isolées et provenant de six à sept localités différentes. Un seul morceau plus considérable, une portion de frontal encore surmontée des deux noyaux osseux de ses cornes, a été extrait par M. Gaillard de la Dionnerie..... de la célèbre grotte de Chaffaut près Civray (Vienne). Comment alors faire accorder cette rencontre assez fréquente des prolongements frontaux du saïga, dans les cavernes de notre France centrale et méridionale, avec l'absence complète de toute autre partie du squelette de l'animal, si ce n'est en admettant que ces cornes de saïga, longues, solides et pointues constituaient une arme puissante que nos chasseurs de rennes du Périgord se procuraient probablement par voie d'échange ou de toute autre transaction commerciale avec des peuplades chez lesquelles cette espèce d'antilope se serait trouvée indigène?* (1) »

Depuis Lartet, plusieurs personnes ont trouvé des cornes de saïga sur les bords de la Vézère et de la Tardoire; M. Émile Cartailhac m'a écrit récemment qu'il en avait rapporté d'un abri sous roche à Bourdeilles (Dordogne). Lyell a compris le saïga dans la liste des fossiles recueillis à Bruniquel auprès de Montauban (2). M. Dupont a découvert en Belgique dans le trou de Chaleux, qui

(1) E. Lartet. *Remarques sur la faune de Cro-Magnon, d'après les débris osseux découverts soit dans la sépulture humaine, soit dans les restes de foyers placés à proximité.* Cette note est une traduction des *Reliquiæ Aquitanicæ*, in-4. London, 1869.

(2) *The geological Evidence of the Antiquity of man*, p. 142, 4e édition, in-8. Londres, 1873.

appartient à l'âge du renne, une partie de la tête avec les chevilles des cornes (1); Paul Gervais a attribué avec doute au saïga une extrémité inférieure de canon brisé provenant des fouilles de M. Piette dans la grotte de Gourdan, près Montrejeau (Haute-Garonne); il a remarqué parmi les pièces si curieuses retirées de cette grotte un os sur lequel une tête de saïga est gravée; « *on voit* dit-il, *sur cet os la tête d'une antilope pourvue de cornes que ses caractères, forme générale, renflement proboscidiforme du museau, disposition et cannelures des cornes, ne permettent de rapporter qu'au saïga* (2). » M. Arcelin a cité le saïga comme ayant été trouvé avec le grand *Felis*, l'*Ursus spelæus*, la grande hyène dans les couches les plus anciennes de l'éboulis de Solutré (3).

Lors d'une excursion que j'ai faite dans l'Angoumois, j'ai été frappé du grand nombre de débris de saïgas qui existe dans la collection de M. Fermond à La Rochefoucauld, et j'ai remarqué qu'il n'y avait pas seulement des chevilles de cornes, mais aussi des mâchoires et des os des diverses parties du corps. J'ai fait la même observation dans le Périgord en examinant la collection de M. Massénat à Brive. M. de Maret m'ayant communiqué les résultats de ses intéressantes recherches dans la grotte du Placard à Rochebertier, je le priai de me confier les restes de saïgas qu'il possédait; il me les a très libéralement donnés pour le Muséum. Parmi les pièces que nous devons à sa générosité, je compte des cornes qui appartiennent à sept individus et des dents qui se rapportent à neuf individus (4); il y a aussi plusieurs os des membres; les cornes ne sont pas plus nombreuses que les autres parties. Il faut donc

(1) C'est d'après ce morceau que M. Dupont a cité le saïga parmi les animaux du trou de Chaleux qui ont été mangés par l'homme (*Les temps préhistoriques de la Belgique*, p. 169, in-8, 2e édition. Paris, 1872).

(2) Gervais. *Journal de zoologie*, vol. II, p. 230, 1873.

(3) Adrien Arcelin. *Les formations quaternaires aux environs de Mâcon* (*Matériaux pour l'histoire de l'homme*, 2e série, vol. VIII, p. 112, 1877).

(4) Comme les femelles des saïgas n'ont pas de cornes, on devra trouver moins de cornes que d'os des autres parties du corps.

admettre qu'à l'âge du renne, il y avait dans notre pays des saïgas; ces animaux doivent être ajoutés à la liste des espèces qui ont disparu de la France à une époque récente. Ils ont été mangés; leurs crânes et leurs os des membres sont brisés comme ceux des rennes au milieu desquels on les rencontre. Il est vraisemblable que ce n'étaient pas des animaux élevés en domesticité, car l'usure de leurs dernières molaires indique que la plupart étaient plus vieux que les bestiaux actuels, employés à notre nourriture.

Si en dehors des cornes, les restes des saïgas ont en général échappé à l'attention des naturalistes qui ont exploré les gisements quaternaires, c'est, je pense, parce qu'on a confondu leurs mâchoires avec celles des bouquetins (*Capra ibex*) et leurs os des membres avec ceux des chamois (*Rupicapra europæa*), qu'on rencontre dans les mêmes dépôts (1). En effet les saïgas se rapprochent des moutons et des capridés par leur dentition, des antilopes par leurs pattes. Dans son excellent mémoire sur les saïgas vivants, M. Murray a bien fait ressortir ces rapports : « *The saïga*, a-t-il dit (2), *may be regarded as an Antilopine Sheep, not absolutely a Sheep.* »

Voici comment les géologues pourront reconnaître les pièces des saïgas qu'ils trouveront dans les dépôts de l'âge du renne :

Les chevilles des cornes (pl. XII, fig. 1, 2) se distinguent de celles des bouquetins parce qu'elles s'épaississent davantage au point où commence leur étui, parce qu'elles ont de bien plus fortes cannelures longitudinales, parce qu'elles sont plus arrondies, plus

(1) Il y a encore des doutes sur les caractères des *Capra* que l'on trouve dans les gisements de l'âge du renne. Leurs dents sont plus grandes que celles des chèvres ordinaires (*Capra hircus*); elles ont la même taille que celles des bouquetins (*Capra ibex*); les chevilles de leurs cornes (celles du moins que j'ai vues) sont plus petites que celles des bouquetins, mais plus celluleuses et moins plates que celles des chèvres ordinaires. Peut-être quelques-uns de ces animaux représentent la transition entre les bouquetins et les chèvres proprement dites qui ont des cornes plus petites et plus comprimées. S'il en était ainsi, on pourrait en faire une race particulière sous le nom de race *primigenia*, que Paul Gervais avait proposée d'une manière très dubitative. Mais sans doute il y a eu aussi de vraies *Capra ibex*.

(2) Mémoire cité, p. 503.

pointues à leur extrémité et moins obliques en arrière. On ne peut les confondre avec celles des chamois, car ces dernières sont plus minces, comparativement à leur longueur, insérées plus verticalement sur le crâne et bien moins sillonnées.

Les dents des saïgas (pl. XII, fig. 3, 4, pl. XIII, fig. 6, 7, et pl. XIV, fig. 1-6) diffèrent de celles des chamois (pl. XIII, fig. 8, 9), non seulement par leurs dimensions plus fortes, mais aussi par leurs formes qui s'écartent bien plus de celles des antilopes ordinaires pour se rapprocher de celles des capridés.

La mâchoire inférieure de nos saïgas quaternaires se distingue de celle des bouquetins (pl. XIII, fig. 4,5), dont les débris se trouvent mêlés avec les leurs, par les caractères suivants :

1° Les denticules internes des molaires, qui, déjà chez les bouquetins, sont plus comprimés que chez les antilopes, sont encore plus comprimés dans les saïgas quaternaires; il en résulte que le creux laissé entre les denticules internes et externes a complètement perdu la disposition en croissant qui caractérise en général les ruminants; il a pris une forme allongée (pl. XII, fig. 3 et pl. XIII, fig. 6). Il en résulte aussi que la muraille interne des molaires des saïgas a un aplatissement tout à fait insolite qui permet de reconnaître ces dents au premier abord (pl. XII, fig. 4 et pl. XIII, fig. 7). En vérité, il est impossible d'imaginer un type de dentition de ruminant parvenu à une plus grande divergence; à voir les denticules internes des molaires des saïgas quaternaires (pl. XIII, fig. 6), on a peine à s'imaginer qu'ils ont dû, chez les anciens animaux tertiaires, avoir la forme des mamelons arrondis du type cochon.

2° Les prémolaires des saïgas quaternaires sont réduites à deux sur chaque mandibule (pl. XIII, fig. 6, 7 et pl. XIV, fig. 6), au lieu qu'il y en a trois chez les bouquetins (pl. XIII, fig. 4, 5).

3° Les prémolaires sont, non seulement moins nombreuses, mais aussi plus petites que chez les bouquetins. Quoique les bouquetins aient leurs prémolaires plus raccourcies que celles des antilopes et des cerfs, leur dernière prémolaire (pl. XIII, fig. 4, 4 *p.*) a ses quatre denticules bien marqués; au contraire, chez le saïga, les denticules sont très atténués; la dernière prémolaire, 4 *p.*, est plus petite que la première molaire 1 *a.*; celle-ci est plus petite que la seconde 2 *a.*, qui, à son tour, est notablement plus petite que la dernière 3 *a.* Ces caractères donnent aux mandibules des saïgas un aspect particulier.

A la mâchoire supérieure des saïgas (pl. XIV, fig. 1, 2), la seconde molaire de lait 3 *m.* se distingue de celle des bouquetins, parce que son lobe antérieur est plus étroit que le postérieur, tandis que, chez les bouquetins, il y a peu de différence entre les deux lobes. On voit, planche XIV, figures 4, 5, une mâchoire supérieure d'un individu adulte qui n'a que deux prémolaires persistantes (1) et, figure 3, une mâchoire qui porte les marques de trois prémolaires.

En général, les caractères des molaires supérieures des saïgas sont bien moins accusés que ceux des molaires inférieures. Mais, pour peu que l'os où elles sont engagées soit conservé, on reconnaîtra le saïga (pl. XIV, fig. 1, 3, 4), car l'énorme ouverture nasale de ce ruminant amène de notables changements dans la forme des trois os qui bordent le nez chez la plupart des autres animaux; l'inter-maxillaire est très raccourci, le maxillaire est abaissé et le nasal ne s'avance qu'au niveau de la première arrière-molaire.

Les os du squelette (pl. XIV, fig. 7, 8 et pl. XV, fig. 1, 4, 5, 6, 7) sont à peu près de même grandeur que ceux des chèvres avec des formes plus grêles. C'est évidemment avec les pattes des chamois que les pattes des saïgas ont dû être plus facilement confondues. Comme ces animaux ont le poil extrêmement épais, surtout lorsqu'ils sont en robe d'hiver, leurs membres paraissent plus forts qu'ils ne le sont réellement; leurs os des pattes sont minces et

(1) Chez les mastodontes, comme chez les saïgas, les trois molaires inférieures de lait ne sont remplacées que par deux prémolaires. Quelquefois chez les moutons il n'y a que deux prémolaires inférieures sur chaque mandibule; mais c'est là un fait rare.

effilés. Les canons des membres de devant (pl. XV, fig. 5) sont un peu plus allongés que chez les moutons et les chamois, à plus forte raison que chez les bouquetins; leur région digitale est moins élargie que dans les capridés et la fente *f.* qui sépare les poulies du troisième et du quatrième métacarpien, est plus étroite; le trou *t.* de la face antérieure est plus bas. Comme on devait le présumer, d'après l'inspection de la face digitale des canons, les doigts des bouquetins, des moutons, et même des chamois, sont plus épais que dans les saïgas; les rainures d'emboîtement de leurs phalanges (pl. XV, fig. 2, 3) sont moins excavées; elles marquent quelque tendance vers le type de leurs ancêtres du groupe cochon; ces différences sont bien légères, cependant elles seront perceptibles aux yeux de tout évolutionniste. Les canons des membres postérieurs des saïgas (pl. XV, fig. 1, 4) se distinguent, ainsi que ceux des membres de devant, d'avec ceux des bouquetins (pl. XV, fig. 2), des chamois (pl. XV, fig. 3) et des moutons parce qu'ils sont plus longs et moins larges; ils ont aussi leur trou antérieur placé plus bas. La rainure *r.* qui correspond à la séparation du troisième et du quatrième métatarsien, est plus marquée que dans le chamois (pl. XV, fig. 3), que dans le bouquetin (fig. 2) et surtout que dans le mouton. Chez ce dernier, il n'y a le plus souvent aucune trace de rainure; cependant le Muséum a le squelette d'un mouton du Cap où la rainure existe.

En comparant les pièces des saïgas quaternaires avec celles des saïgas vivants qu'il m'a été donné d'étudier, je fais les remarques suivantes :

Les saïgas quaternaires et actuels ont la même taille.

Les molaires de nos saïgas quaternaires ont plus de cément que celles des saïgas actuels que j'ai vus.

Les molaires inférieures de nos saïgas quaternaires ont leurs denticules internes plus comprimés et leur muraille interne est encore plus aplatie.

Les rainures des canons, qui représentent la séparation du troisième et du quatrième métatarsien, sont plus marquées sur nos saïgas fossiles que dans les vivants.

Je n'ai pas assez de spécimens de saïgas actuels pour décider si ces différences tiennent à l'âge, sont individuelles, ou bien indiquent une race de saïgas, qui, s'étant trouvés dans des conditions spéciales, ont pris des caractères particuliers.

Ce qu'il y a de certain, c'est que le cément abondant des molaires, la transformation complète de leurs denticules en lames, et la diminution des prémolaires donnent aux saïgas fossiles, dont j'ai eu l'occasion de faire l'étude, l'aspect d'animaux qui ont été modifiés pour un régime exclusivement herbivore. Les antilopes, qui les ont précédés dans les temps tertiaires, avaient besoin de leurs prémolaires pour couper les bourgeons et les branches des arbres angiospermes dont notre pays était couvert; mais si, pendant la période glaciaire, les bois d'arbres verts et les steppes ont remplacé les bois d'angiospermes, les antilopes ont été réduites à manger des herbes, et alors peut-être leurs prémolaires ont perdu de leur importance. Les saïgas ne sont pas les seuls animaux quaternaires qui suggèrent la possibilité de transformations. Par exemple il est naturel de penser que l'*Ursus spelæus* est un carnivore qui a perdu les mœurs sanguinaires de ses ancêtres; car, tandis que ses tuberculeuses sont devenues très grandes et aussi mousses que des dents de cochon, la plupart des prémolaires destinées chez les carnivores à couper la chair, ont disparu. Les éléphants, qui ont habité les derniers notre pays, sont les mammouths, dont le corps était couvert d'une laine épaisse et dont les molaires, formées de lames très serrées, recouvertes d'un épais cément, sont très bien disposées pour triturer des graminées; ne peut-on pas croire que ces mammouths sont des éléphants, qui, se trouvant pendant l'époque glaciaire dans les prairies du centre et du nord de l'Europe, ont perdu de plus en plus la disposition omnivore de leurs ancêtres les mastodontes pour présenter le type le plus parfait d'une dentition de proboscidien herbivore? Le *Rhinoceros tichorhinus* dont la dentition a aussi un cachet plus herbivore que celle de tous les autres rhinocéros fossiles, n'est-il pas un pachyderme qui a cessé de se nourrir des buissons coriaces des régions chaudes pour brouter dans les herbages de nos pays? Le curieux *Élasmotherium*, que Brandt vient de nous faire connaître, n'est-il pas quelque rhinocéros transformé pour un régime exclusivement herbivore? Ainsi, non seulement il y aurait eu pendant les temps quaternaires des animaux tels que les hyènes, les lions, les bœufs, les aurochs, les cerfs dont la taille se serait grandement modifiée, mais encore il y aurait eu des changements d'espèces. Ce n'est là, je l'avoue, qu'une simple supposition, mais cette supposition n'a rien que de vraisemblable, car les harmonies de la nature veulent que les changements du monde organique aient coïncidé avec ceux du monde physique.

EXPLICATION DES FIGURES.

Planche XII.

Les figures sont de grandeur naturelle. Elles sont faites d'après des pièces de *Saiga tartarica* trouvées par M. de Maret à Rochebertier.

Fig. 1. — Cheville de corne de saïga vue sur le côté interne : *t. s.* trou sourcilier; *f.* frontal; *s. p.* suture du frontal et du pariétal; *c.* empreintes des circonvolutions du cerveau.

Fig. 2. — Cheville de corne d'un autre saïga vue de face : *s. f.* suture des frontaux; *or.* orbite; *t. s.* trou sourcilier.

Fig. 3. — Arrière-molaires inférieures de saïga vues en dessus : 2*a.* seconde arrière-molaire; 3 *a.* troisième arrière-molaire; I. *i.* denticules du côté interne; E. *e.* denticules du côté externe.

Fig. 4. — Dernière arrière-molaire inférieure de saïga représentée sur la face interne pour montrer l'union intime des denticules internes I. *i.* qui forment une muraille presque uniforme; *cr.* crête du denticule antérieur interne.

Planche XIII.

On a réuni dans cette planche des dessins de mandibules gauches de cerf, de renne, de chèvre, de chamois et de saïga, pour montrer leurs différences. Sauf la figure 1 qui est aux deux tiers de grandeur, toutes les figures sont de grandeur naturelle. Les mâchoires ont été mises dans la même position et leurs denticules homologues ont été indiqués par les mêmes lettres pour qu'on puisse mieux suivre leurs modifications : I. est le denticule interne du premier lobe; *i.* est le denticule interne du second lobe; E. est le denticule externe du premier lobe; *e*, est le denticule externe du second lobe. Comme l'étude des ruminants tertiaires prouve que la première prémolaire des ruminants actuels n'est en réalité que la seconde, je l'ai marquée comme seconde prémolaire 2*p.* et j'ai appelé 3 *p.*, 4 *p.* les deux prémolaires qui suivent; 1 *a.*, 2 *a.*, 3 *a.* sont les trois arrière-molaires.

Fig. 1. — Mandibule gauche d'un *Cervus megaceros* du quaternaire de l'Allier; elle est vue en dessus, du côté externe; une mandibule d'un cerf élaphe donnerait la même apparence de dentition. On voit dans les prémolaires 3*p.*, 4*p.* les denticules du second lobe I. et *e.* qui se sont placés obliquement; *d.* denticules inter-lobaires.

Fig. 2. — Mandibule gauche d'un renne de Laugerie-Basse dessinée en dessus, du côté externe; on voit dans les prémolaires les denticules *i.* qui sont rapetissés et les denticules *e.* qui sont restés isolés.

Fig. 3. — Même mandibule dessinée sur la face interne; outre les denticules internes I., *i.* on aperçoit sur plusieurs dents les prolongements des denticules externes E. *e.*

Fig. 4. — Mandibule gauche de *Capra ibex* trouvée par M. de Maret dans l'abri sous roche de Rochebertier; elle est représentée en dessus, du côté externe; on voit que les prémolaires sont relativement moins allongées que dans les cervidés et que la dernière prémolaire 4 *p.* a ses denticules *i. e.* plus réduits.

Fig. 5. — Même mandibule dessinée sur la face interne; les denticules externes *e.* des seconds lobes des arrière-molaires se prolongent sur le bord interne; on remarque dans l'avant-dernière prémolaire 3*p.* un rudiment de denticule interne I. du premier lobe qui est en train de disparaître.

Fig. 6. — Mandibule gauche de *Saiga tartarica* qui a été trouvée par M. de Maret dans l'abri sous roche de Rochebertier; on voit une diminution des prémolaires encore plus visible que dans les capridés; il n'y a plus de trace de la prémolaire 2*p.* et les prémolaires 3*p.*, 4*p.* sont très amoindries.

Fig. 7. — Même mandibule représentée sur la face interne; le denticule externe du second lobe se voit en *e.* dans la seconde arrière-molaire. On peut remarquer sur toutes les dents un extrême aplatissement des denticules I. *i.*; il apparaît encore mieux quand les dents ont été débarrassées de l'épais cément qui les couvre. En comparant cette disposition avec celle des *Capra ibex* (fig. 5) et surtout des cervidés (fig. 3), on sera frappé de sa différence.

Fig. 8. — Mandibule gauche de *Rupicapra europæa* trouvée par M. Brun à Bruniquel et donnée par lui au Muséum; elle est vue en dessus.

Fig. 9. — La même vue du côté interne pour montrer qu'elle se distingue facilement de celle du saïga, non seulement par ses trois prémolaires, mais aussi par ses denticules I. *i.* moins comprimés.

Planche XIV.

Les figures sont de grandeur naturelle. Elles sont faites d'après des pièces de *Saiga tartarica* trouvées par M. de Maret à Rochebertier.

Fig. 1. — Maxillaire gauche d'un jeune individu vu par le côté externe; le bord de l'ouverture nasale *o. n.* suffit pour reconnaître que cette pièce est d'un saïga; si le maxillaire n'était pas d'un saïga, le bord *o. n.* serait recouvert en avant par l'inter-maxillaire et en arrière par le nasal; on voit en *s. o.* les trous sous-orbitaires, en *s. l.* la suture du lacrymal, en *s. j.* la suture du jugal; 2*m.*, 3*m.*, 4*m.* molaires de lait; 1*a.* première arrière-molaire.

Fig. 2. — Même pièce vue en dessous; *s. p.* suture du maxillaire avec le palatin; 2*m.*, 3*m.*, 4*m.* molaires de lait; 1*a.* première arrière-molaire.

Fig. 3. — Maxillaire gauche d'un individu adulte représenté sur le côté externe; comme dans le jeune âge, on voit le bord supérieur du maxillaire qui est arrondi et n'est pas disposé pour être recouvert par l'inter-maxillaire et le nasal; *s. o.* trous sous-orbitaires; 2*p.*, 3*p.* alvéoles des deux premières prémolaires; 4*p.* dernière prémolaire; 1*a.*, 2*a.* deux arrière-molaires.

Fig. 4. — Maxillaire gauche d'un autre individu adulte; il n'y a qu'un rudiment de la première prémolaire (homologiquement la seconde) 2*p.* au lieu que dans la pièce de la figure 3, la dent 2*p.* devait être bien développée; 3*p.*, 4*p.* prémolaires; 1*a.* arrière-molaire.

Fig. 5. — Même pièce vue en dessous; mêmes lettres. E. crête antérieure du denticule externe du premier lobe; *e*. crête antérieure du denticule externe du second lobe; M. *m*, denticules placés sur le bord interne.

Fig. 6. — Mandibule droite vue sur la face externe; il n'y a pas de trace de première prémolaire; 3*p*. et 4*p*. prémolaires; 1 *a*. première arrière-molaire.

Fig. 7. — Partie inférieure d'humérus gauche qui a été brisé sans doute pour en retirer la moelle, comme presque tous les os longs des stations humaines; *ép*. saillie très forte de l'épicondyle.

Fig. 8. — Tarse droit vu sur la face antérieure; *cal*. calcanéum; *as*. astragale; *c. sc*. cubo-scaphoïde; 3 *c*. troisième cunéiforme.

Planche XV.

Les figures sont de grandeur naturelle.

Fig. 1. — Partie d'une patte de derrière gauche d'un saïga fossile de Rochebertier trouvée par M. de Maret; elle est vue sur la face antérieure : *mt*. métatarse; *r*. rainure profonde qui sépare le troisième métatarsien 3 *m*. du quatrième 4 *m*.; *t*. trou antérieur; *p*. première phalange externe.

Fig. 2. — Portion d'une patte de derrière gauche de *Capra ibex* actuelle, vue sur la face antérieure; mêmes lettres que dans la figure précédente; cette patte se distingue par ses formes plus trapues et l'absence de rainure entre le troisième et le quatrième métatarsien.

Fig. 3. — Portion d'une patte de derrière gauche de *Rupicapra europæa* des Alpes vue sur la face antérieure; mêmes lettres que dans les figures précédentes; le canon se distingue de celui du saïga par son élargissement dans la région où sont les poulies digitales et par la dépression très faible qui marque l'union du troisième et du quatrième métatarsien.

Fig. 4. — Métatarse de la figure 1 vu par derrière pour montrer les coupures *c*. qui semblent n'avoir pu être faites que par l'homme.

Fig. 5. — Portion inférieure de métacarpe d'un saïga trouvé à Rochebertier par M. de Maret; cet os est vu sur la face antérieure; *t*. trou antérieur placé très bas; *f*. fente entre les poulies digitales.

Fig. 6. — Première phalange d'un pied de devant de saïga. Rochebertier.

Fig. 7. — Seconde phalange d'un saïga. Rochebertier.

www.ingramcontent.com/pod-product-compliance
Ingram Content Group UK Ltd.
Pitfield, Milton Keynes, MK11 3LW, UK
UKHW020224200726
13856UKWH00004B/1603